Le Petit Jardinier et le Ballet des Papillons

Georges Fine
horizonlecture.com

À tous les petits jardiniers de rêves qui cultivent curiosité et amour pour la nature, et sèment les graines d'un monde plus heureux, respectueux et épanouissant pour chacun.

Dans le petit village de Fleurville, en Normandie, il y avait un jardin, connu de tous comme le plus beau des jardins. C'était le jardin de Maître Fleuret, un artiste qui avait consacré sa vie à créer un paradis sur terre. Ce jardin était un véritable tableau vivant où les fleurs les plus exquises se mélangeaient harmonieusement avec le doux murmure des ruisseaux.

Un beau matin, un petit garçon nommé Émile entra dans le jardin avec son chapeau à larges bords et sa pelle.

Émile adorait ce jardin. Il aimait regarder les abeilles bourdonner doucement et butiner de fleur en fleur, les papillons danser dans les airs, et les grenouilles coasser joyeusement dans l'étang.

Émile était particulièrement curieux des fleurs. Il aimait la façon dont elles se balançaient doucement dans la brise et la manière dont elles changeaient de couleur avec les saisons. Il était patient et observateur, prenant soin de noter chaque petite chose qu'il découvrait.

Un jour, alors qu'il observait attentivement une fleur de nénuphar, Émile vit un petit papillon épuisé qui avait du mal à voler.

Sans hésiter, il étendit sa main et permit au papillon de se reposer. Émile savait qu'il devait aider, car il se sentait responsable de ses petits amis du jardin.

Patience et empathie dans son cœur, il décida de prendre soin du petit papillon jusqu'à ce qu'il retrouve ses forces.

Émile lui offrit de l'eau sucrée et le plaça près d'une fleur colorée pour qu'il se sente chez lui.

Les autres papillons, les abeilles, et même les petits insectes vinrent voir et aidèrent à leur manière, apportant de petites gouttes de rosée ou de petites pétales de fleurs pour réconforter le papillon épuisé.

Les jours passèrent et le papillon retrouva lentement sa vigueur. Émile regarda avec admiration le ballet des ailes du papillon qui commençaient à danser de nouveau.

Il ressentit une immense joie et une grande fierté.

Un jour, le papillon fut enfin prêt à reprendre son envol. Émile, bien qu'un peu triste de voir son ami partir, sut qu'il était temps pour lui de reprendre sa liberté.

Ce jour-là, Émile apprit une grande leçon sur la nature et la vie. Il comprit que chaque petite chose dans le jardin avait son rôle à jouer et qu'il fallait respecter et prendre soin de chaque créature, aussi petite soit-elle.

Depuis ce jour, Émile est devenu le petit jardinier de Fleurville, toujours prêt à aider un ami dans le besoin, et toujours heureux d'apprendre de nouvelles choses sur le monde qui l'entourait.

Avec le temps, le jardin de Maître Fleuret est devenu encore plus beau grâce à la douce présence d'Émile.

Les fleurs semblaient plus lumineuses, les abeilles bourdonnaient plus joyeusement, et les papillons dansaient encore plus gracieusement.

Chaque créature dans le jardin avait une histoire à raconter sur Émile et son grand cœur. Il était leur ami, leur gardien, et leur plus grand admirateur.

Et à travers les saisons, les années, et les générations, l'histoire d'Émile et de son amour pour la nature a continué à vivre dans le merveilleux jardin de Maître Fleuret.

Et qui sait ? La prochaine fois que tu visiteras un jardin, peut-être auras-tu une pensée pour Émile et le merveilleux jardin de Maître Fleuret à Fleurville.

Tu pourrais alors prêter attention au doux bourdonnement des abeilles, au bruissement des ailes des papillons, et peut-être même ressentir la joie d'un petit jardinier qui a trouvé son bonheur en prenant soin de la nature.

Printed in France by Amazon
Brétigny-sur-Orge, FR

14513741R00020